SINCRONISMO

INTRODUZIONE
Tra Scienza e Filosofia

Sincronismo=*gr*. SYGCHRONISMOS (v. *Sincrono*). Contemporaneità, Coesistenza; Epoca comune a più avvenimenti.

Succede a volte che, mentre leggiamo un testo, ci imbattiamo in un vocabolo che contemporaneamente pronuncia qualcuno in televisione o una persona nella stanza in cui ci troviamo. Talora una situazione sognata si realizza perfettamente nella vita da "svegli". Questi ed altri fenomeni sono definiti sincronismi junghiani o assimilabili ad essi. Jung, Pauli ed altri, infatti, notarono che esiste una singolare correlazione tra eventi ed oggetti non riconducibile al nesso causale. Si tratterebbe di un indizio che, sotto la superficie dei fenomeni, si troverebbe un quid più profondo e sintomatico suscettibile di contraddire la "legge" di causa ed effetto, considerata dalla maggioranza delle persone normale e logica.

Il tutto si potrebbe paragonare ad una superficie liscia di una parete intonacata dove piccolissimi grumi di pittura affiorano in qualche punto: unendo i punti con linee ideali potrebbe essere disegnata un'immagine di un oggetto o un volto.

Molti quesiti si pongono, considerando la questione: i sincronismi (Emanuel Swedenborg li chiamava corrispondenze) sono gli indizi di una trama sensata, mentre gli avvenimenti sono fenomeni che obbediscono a modelli caotici-causali (si veda l'esempio della farfalla che, sbattendo le ali, in Amazzonia, provoca un uragano in Indonesia: è l'esemplificazione cara alla teoria del caos che esamina gli accadimenti valutandone tutte le diramazioni frattali)? Oppure, tutti gli eventi sono sincronici, ma tale natura è rivelata, per ragioni difficili da comprendere, solo da una piccola percentuale di essi?

Se si accetta il paradigma sincronico, perde valore qualsiasi discorso relativo all'azione-reazione, alla conseguenza di una libera scelta, tutte formule collocate nel tempo (illusorio) e legate ad una misteriosa, incomprensibile capacità che A possiederebbe di agire su B. Infatti, ancora oggi non si è capito come un semplice atto volitivo possa consentirci di alzare un braccio: reazioni chimiche e leggi fisiche non spiegano ciò e, forse non a torto, i filosofi occasionalisti ritenevano che un agente esterno intervenisse per rendere possibili tutti i movimenti.

Il concetto poi del pensiero che influisce sulla materia-energia, alla luce di queste modeste riflessioni, dovrebbe essere rivisto, perché di nuovo è una concezione cronologico-causale. Il pensiero non influisce su alcunché, semplicemente perché esso è al di fuori delle coordinate spazio-temporali, poiché esso non modifica il substrato energetico, ma lo pone in modo istantaneo, immediato (non mediato), forse determinandone i modi.

È quasi un ritorno, quello configurato dalle prospettive sincroniche, all'eterno ritorno di Nietzsche: tutto è stato, è e sarà, giacché non esiste alcuna differenziazione nell'istante, nel punto senza dimensioni destinato ad essere quel che è per sempre. Dunque, secondo tale interpretazione, la libertà umana si rivela immaginaria e si giustifica il fatalismo del filosofo tedesco e di quei pensatori che concepiscono il libero arbitrio come un autoinganno.

Un altro aspetto del problema risiede nel libero arbitrio: noi possiamo afferrare un oggetto con la mano destra oppure con la sinistra indifferentemente; con una nostra libera scelta possiamo reagire nella medesima situazione in molti modi differenti, dipendenti esclusivamente dalla nostra volontà. In che cosa consista questa volontà è difficile da definire, fatto sta che noi possiamo scegliere liberamente tra differenti comportamenti equivalenti dal punto di vista oggettivo. Una macchina non possiede volontà ma semplicemente si trova in uno stato possibile da cui dipende strettamente il comportamento della macchine stessa.

Supponiamo che qualcuno ci lanci una palla, possiamo decidere di afferrarla con la destra, poi cambiare idea e decidere di afferrarla con la sinistra, poi di nuovo con la destra e così via "infinite" volte nel tempo in cui la palla è in volo, ad un certo momento afferreremo la palla con una mano apparentemente a caso ma che possiamo dire di aver scelto di nostra libera iniziativa con la massima certezza. È evidente che una macchina può facilmente simulare la scelta casuale tra due differenti alternative, ma questo non significa simulare una volontà.

D'altra parte non accetteremmo di buon grado il giudizio di chi affermasse che il nostro comportamento è casuale, infatti siamo certi di decidere noi delle nostre stesse azioni ad ogni istante. Una macchina, invece, ad un certo momento si trova in uno stato ben preciso e il comportamento è da esso determinato e da eventuali perturbazioni che si dovessero verificare negli istanti successivi: nota la condizione di partenza, il comportamento è prevedibile, a meno che non vi sia una componente casuale perturbativa; in tal caso, il rischio che si corre è che la macchina diventi completamente imprevedibile, cioè dia una risposta assolutamente casuale; in ogni caso non si può parlare di volontà della macchina ma solo di stati causalmente connessi l'uno all'altro in una successione temporale.

 Noi possiamo agire o immaginarci ad agire. Possiamo immaginare le conseguenze di un nostro gesto e decidere di effettuarlo realmente oppure no e questo in tempi veramente rapidi; in realtà, molto spesso simuliamo le azioni prima di metterle in atto, siamo in grado di produrre ragionamenti complessi e concomitanti in un tempo brevissimo, prima di scegliere quale comportamento tenere in una determinata circostanza. Tutto questo sembra troppo anche per un computer della nostra generazione, vedremo se le potenzialità dei calcolatori delle generazioni future saranno in grado di affrontare problemi tanto complessi con tempi di risposta accettabili.

Però ciò è controverso: infatti non sappiamo quanto sia esteso il dominio della sincronicità necessaria. Potrebbe essere che la "realtà", con le varie dimensioni che la compongono, in violazione del principio di Ockham, sia molto più complessa, contraddittoria ed anomica di quanto si possa solo immaginare. Le varie sfere dimensionali possono interagire, comunicare, generando ulteriori complicazioni epistemologiche.

Come dimostrò il fisico francese Alain Aspect, un elettrone comunica con un altro elettrone anche a distanza notevole, in quanto la distanza non esiste e le due particelle sono in realtà due manifestazioni di un'unica matrice, come due facciate dello stesso foglio. Eppure comunicare è difficile a causa del rumore: probabilmente a causa di questo ostacolo, non sappiamo leggere icone e prodigi.

Resta, però, simile ad un sommesso gorgoglio di un ruscello, quasi impercettibile, perché sovrastato da altri rumori o udibile solo a tratti, quando gli altri suoni si attenuano o interrompono, il significato sincronico di certi particolari. È sufficiente l'enigmatico senso di un dettaglio per conferire valore a tutta la vita? Difficile attribuirlo ad una serie di episodi assurdi, ripetitivi, illogici, dolorosi che costellano l'esistenza e la storia.

SINCRONISMO

Copyright Giovanni Della Corte
Nato a Villa di Briano (CE) il 21/02/1963

SINCRONISMO

Teoria

Dopo anni di esperimenti e studi ho potuto finalmente accertare quale è il mio sincronismo. La scienza spiega che i fenomeni sincronici si manifestano quando la correlazione di determinati eventi ed oggetti avvengono simultaneamente. Ma con quale frequenza ed in quali circostanze questi fenomeni avvengono. Perché questi due fattori di ripetizione e di condizione influenzano il nostro libero arbitrio, che reagisce a questi fenomeni, generando un effetto che si ripercuote in seguito su altri eventi, provocando una reazione a catena irrefrenabile.

Questa reazione a catena costituisce il nostro stile di vita, il così detto "destino". Quante volte è capitato un evento che per noi è stato crudele e tragico oppure lieto e favoloso, si è sempre stati portati a dire "era destino che doveva finire così!". Non è affatto vero. Non esistono eventi fortunati o non fortunati. Esiste solo questa reazione a catena di eventi che io considero sincronismi.

Questi si manifestano in determinate circostanze, con una determinata frequenza e ripetitività, l'insieme di questi sincronismi vengono inglobati in un unico evento, che è la nostra vita stessa, che io ho chiamato "sincronismo". Quindi , ognuno di noi possiede un proprio sincronismo che a sua volta è influenzato da un altro e poi da un altro ancora e così via. Quando nella nostra vita quotidiana abbiamo dei rapporti con altri esseri viventi oppure gestiamo la funzionalità degli oggetti che utilizziamo, influenziamo il nostro sincronismo e quello di altri, generando colpi di movimento in successione continua. Studiando la manifestazione di questi movimenti, in media ci vogliono minimo una decina di anni, si riesce a comprendere quale sincronismo ognuno di noi possiede.

Per capire meglio il significato da me dato di "sincronismo", immaginate che la vita di ciascuno di noi sia un solco lunghissimo, tondo e liscio e che ha una leggera inclinazione, dove possa scorrere liberamente una pallina di ferro come quella di un flipper. Questo solco, che non lo vediamo dall'inizio alla fine, è intersecato da migliaia di altri solchi fatti alla stessa maniera che sono cose o persone. Al momento della nostra nascita viene posta questa pallina di ferro sul solco e lasciata partire senza influenzarne il movimento. In contemporanea tutte le altre palline, poste sui solchi delle persone o cose partono allo stesso modo. Tutto dipende dalla distanza che c'è dal punto di partenza al punto di intersecazione. Molte cose infatti si intersecano o troppo presto o troppo tardi e si perdono, solo un effetto di rimbalzo potrebbe darci un'altra opportunità ma diversa da quella iniziale. Gli altri , invece, quelli che si intersecano perfettamente, si scontrano dando origine al fenomeno del "assorbimento" o del "rimbalzo".

Il risultato dello "scontro" tra due palline è di due tipi: uno, che la pallina che si incrocia esprime maggiore energia ed influenza la spinta direzionale della nostra ed in tal caso si chiama fenomeno del "rimbalzo"; due che l'energia della pallina che si incrocia è smorzata, allora viene assimilata dalla nostra ed in tal caso si chiama fenomeno del "assorbimento".

Dipende da quanto è potente l'energia che scaturisce la pallina che giunge quando incrocia quella nostra.

Di solito è la nostra energia che è maggiore e, pertanto le altre si aggiungeranno alla nostra con il fenomeno del "assorbimento".

Se la nostra è debole seguirà un percorso diverso, fatto di nuove esperienze con un altro sincronismo, oppure, talmente che è potente l'energia che la fa deragliare dal solco determinando la fine della nostra corsa e così la fine della nostra vita.

Tutte quelle che vengono assorbite faranno parte del nostro bagaglio di vita e che reagiranno all'unisono ogni volta che la nostra pallina si scontrerà con un'altra. Maggiore assorbimento, maggiore energia.

Ci sono purtroppo palline che si incrociano una sola volta, danno un segno tangibile del senso della vostra vita, se si riesce in tempo ad incrociarle e se ben gestite mantengono forte fino alla fine la loro l'energia.
Invece altre si presentano più volte, vale a dire che tipi di cose o tipi di persone si incrociano con una certa frequenza e ripetitività. Questi "Tipi" non devono essere per forza la stessa persona o la stessa cosa ma possono essere anche persone e cose diverse, che per "Tipo", quando vengono assorbite, reagiscono sempre allo stesso modo generando la reazione a catena di cui parlavo prima, ossia dei sincronismi. Questa frequenza e ripetitività dei "Tipi" dà vita ad una serie di sincronismi statici, in quanto presentano sempre lo stesso effetto ad ogni sollecitazione. Questa staticità va studiata nel tempo, all'incirca dieci anni, perché l'esito dell'insieme statico dei sincronismi da come risultato il tipo di "sincronismo" che noi possediamo.
Sempre mi sono chiesto del perché determinati avvenimenti si manifestassero con una tale frequenza, negli stessi modi, nelle medesime circostanze e si concludevano sempre con lo stesso esito. Preso dalla curiosità studiai e sperimentai questi eventi. Lo studio e l'esperimento di tali eventi consiste per primo nel selezionare cose e persone che per tipo si "scontrano" con la nostra vita con molta frequenza e secondo determinare in quali circostanze e luoghi avvengono. Da

questo filtraggio capii che molti di questi avvenimenti si manifestavano in reazione a determinate situazioni generate in condizioni particolarmente tipiche cioè che, il nostro comportamento nei confronti di cose e persone dello stesso tipo "scontrate" nelle stesse circostanze e luoghi avrebbero avuto sempre lo stesso risultato. Da lì compresi che tutte queste cose e persone che hanno una frequenza tipica, quando parte la nostra "pallina" della vita, partono anche loro ma da lunghezze diverse, ossia facendo una considerazione direttamente proporzionale maggiore è la distanza dal punto di partenza maggiore e la distanza dal punto di incrocio, di modo che partendo in modo sincrono a distanze diverse, comunque tutte si "scontreranno" con noi e quindi, pertanto sono inevitabili.
Ormai certo delle mie attente valutazioni nei confronti di questi eventi inevitabili, perché partiti in modo sincrono, li ho considerati "sincronismi" ed il loro insieme "sincronismo".
Sapevo che il mio comportamento solito considerato "normale" verso questi eventi inevitabili dava sempre lo stesso risultato.
Provai a cambiare atteggiamento a questi avvenimenti e vidi che se il mio comportamento nei confronti di questi sincronismi era alquanto "strano", il fenomeno cambiava, e dava un esito diverso, questo perchè avevo falsato la tipicità dell'evento.
Spesso le persone mi hanno sentito dire "E' normale!" in particolari situazioni che si manifestavano, perché, avendo

ormai capito il tipo di "sincronismo" che possiedo, in determinate condizioni so quale è l'esito. In atre occasioni, invece, mi hanno visto fare cose strane, molti mi hanno ovviamente preso per matto, ma non era altro che un diversivo per ottenere dall'evento un esito diverso.

Non solo il nostro comportamento genera questi eventi, ma anche il pensiero. Si ritiene che il pensiero non influisce sui fenomeni sincronici, ma invece credo che quando si pensa a qualcosa o a qualcuno che fa parte di questi sincronismi e non si agisce nei loro confronti, proprio perché fermi, quindi statici, questi si manifestano in ogni caso. Difatti ho notato proprio questo durante l'analisi di questi anni, che quando penso a qualcosa o a qualcuno che sono in netta relazione con gli eventi che si manifestano in determinate condizioni comportamentali ed in contemporanea sto facendo una qualunque cosa che da origine ai cosiddetti sincronismi, malgrado non faccio nulla, si rivelano.

Comportamento e pensiero miscelati insieme, però, possono dare inizio a fenomeni incontrollabili a catena. Succede spesso che mentre si pensa ad una cosa e si sta parlando o facendo qualcosa con una persona o cosa o viceversa, succedono fatti in successione che possono avere anche conseguenze fastidiose. A queste cose nessuno ci fa caso, tranne me che ormai ci ho fatto l'abitudine. Questi fenomeni li ho chiamati "concatena di sincronismi" proprio perché avvengono in queste circostanze ed in rapida successione. Solo se si interrompe questa miscela di comportamento e pensiero il fenomeno si arresta. Ci vuole parecchia concentrazione per fare ciò, in quanto, per prima cosa bisogna non farsi prendere dal panico da questi avvenimenti, sono in rapida successione e spaventano, secondo, occorre riconoscere subito che gli eventi che si stanno verificando fanno parte delle "concatena di sincronismi", terzo, ormai conosciuta la situazione, qualunque cosa state facendo, sospendetela, e fate per qualche secondo una cosa diversa e se state parlando cambiate discorso, perché è più facile eliminare dalla "concatena di sincronismi" il comportamento che il pensiero, in quanto è più immediato. Il pensiero per essere distolto dal elemento principale ha bisogno di essere distratto e quindi questo nostro anche se momentaneo comportamento, lo elimina.

Ma se conosciuto il nostro sincronismo lo vogliamo cambiare perché "scomodo", come possiamo fare. Si può fare, ma quello che vi sto per dire, vi sconvolgerà.

Facciamo un riepilogo. Come ho illustrato prima, la nostra vita la paragono ad una pallina di ferro che scorre lungo un solco leggermente inclinato che è attraversato a sua volta da altri solchi che sono cose e persone. Quando parte la nostra, partono anche le altre che a seconda della distanza dal punto di partenza si incrociano e danno origine ai sincronismi.

Dall'insieme di questi sincronismi si ha come soluzione finale il nostro sincronismo.

Tutto è incominciato quando è partita la nostra pallina e così anche le altre, ma cosa succede se improvvisamente alla nostra pallina viene fermata volontariamente o involontariamente la corsa. Facciamo conto che poniamo una mano lungo il percorso e la blocchiamo, ora, conoscendo il nostro sincronismo, sappiamo quindi i tempi dei nostri sincronismi e di conseguenza il tempo che ci vuole per interrompere la sua corsa. Fermata la pallina, tutto quello che viene dopo passa e non si sincronizza più alla stessa maniera di come si era prefissato all'inizio. Questa interruzione ha la stessa caratteristica del fenomeno del "rimbalzo", cioè quando una pallina, che ha maggiore energia, incontra la nostra, la sposta, tale energia può anche far uscire dal solco la nostra pallina ed interromperne la corsa per sempre e quindi si perde la vita. Ma questo è un aspetto che affronteremo più avanti.

Per volontariamente, quindi significa che dobbiamo fare in modo di fermare con qualche sistema la nostra pallina di proposito, fermarla significa non avere nessuna possibilità di avere contatti con cose e persone, potremmo isolarci su di un eremo ma otterremo nessun risultato, allora la migliore soluzione, e l'unica, sarebbe quella di giungere in uno status mortis intenzionalmente e restarci giusto il tempo necessario a cambiare il nostro sincronismo. Ovviamente non possiamo morire e tornare in vita da soli, abbiamo bisogno dell'ausilio di altre persone. Ma chi sarebbe disposto a fare una cosa del genere, nessuno. La scienza, la religione e l'etica professionale non lo permetterebbero. Oppure creare un macchinario che consentisse a farlo, ma chi sarebbe capace, o meglio, chi sarebbe disposto a costruirlo. Quindi lasciamo le cose così come stanno perchè non c'è nessun altro modo per modificare volontariamente il nostro sincronismo.

Ma facciamo conto, invece, che ciò fosse possibile. Ritornati in vita noteremo subito che le cose e persone hanno assunto un aspetto diverso, per aspetto si intende non l'aspetto fisico ma quello sincronico, cose e persone non possono più manifestarsi allo stesso modo e quindi dar vita ai sincronismi di cui eravamo vittime ma a nuovi sincronismi e quindi quando noi ci comporteremo come facevamo prima di giungere allo status mortis, loro non agiranno più come facevano prima, ma si comporteranno come quando noi, in precedenza, attivavamo un atteggiamento diversivo per eludere la tipicità dei sincronismi. Per diversivo si intende "strano", quando prima ho detto che quando avevo un comportamento "strano", il fenomeno cambiava, e dava un esito diverso, questo perchè avevo falsato la tipicità dell'evento, adesso, quando si ha un comportamento "normale" nei confronti di cose e persone, si ha lo stesso esito di quando, prima dello status mortis, cercavo di eludere i sincronismi fastidiosi con un mio atteggiamento "strano". Quindi adesso, la tipicità degli eventi e, pertanto dei sincronismi il cui insieme da di conseguenza il nostro sincronismo, è dato dalla loro reazione ai nostri atteggiamenti che ora sono "normali" ed appunto per questo motivo che il nostro stile di vita è cambiato. Questa è solo teoria in quanto nessuno ha mai tentato un esperimento del genere, ma in pratica questi status mortis avvengono, ma in modo involontario. Sono i casi che avvengono quando, dopo il fenomeno del "rimbalzo", c'è la possibilità che avvenga il fenomeno del "contro-ribalzo ". Come ho spiegato prima quando una pallina che ha maggiore energia incontra la nostra, la sposta dal solco iniziale e la fa proseguire in una direzione diversa, questa direzione è una sospensione, come se una mano avesse bloccato per un certo periodo la corsa. Spesso questa energia è talmente forte che la fa uscire fuori dalla linea e pertanto perdiamo inesorabilmente la vita, ma quando invece prosegue incontra altri solchi che sono attraversate da altre palline , queste, inevitabilmente la urtano e le fanno modificare la traiettoria in quanto, la nostra, ha poca energia perchè è in uno stato di sospensione, non ha il potere di assorbire la loro. Questi "urti" sono in risposta al "rimbalzo" cioè il "contro-rimbalzo". Il numero dei "contro-rimbalzo" determina il periodo di sospensione che ci fa permanere nello status mortis involontario.

Infatti, lo status mortis involontario è di due tipi.

Breve, sono quei casi in cui le persone che , in seguito ad un incidente, perdono per qualche minuto la vita. Queste persone dicono di aver visto cose straordinarie mentre erano in quello stato, ma non si sa di che natura siano. Quando ritornano in vita la loro l'emotività è influenzata da questi fenomeni straordinari tanto che credono che siano stati proprio loro a modificare la loro vita. In verità è successo che il tempo di sospensione è stato sufficiente a cambiare il loro sincronismo. Sono stati sufficienti pochi "contro-rimbalzo" per ritornare sul solco originario e ,come all'inizio, lasciata scorrere per proseguire il suo cammino. Un cammino diverso.

Lungo, sono quei casi in cui le persone che, in seguito ad un incidente, non perdono la vita, ma è come se l'avessero persa, vanno in coma. Loro non possono assolutamente interferire col mondo esterno perché non possono agire arbitrariamente e pertanto è come si fosse sospesa la corsa della loro "pallina". La sospensione dipende dal numero dei "contro-rimbalzo", maggiore è il loro numero, maggiore è il periodo in cui rimangono in coma. Quante volte ci sono stati casi in cui persone si sono svegliate dal coma dopo mesi o addirittura anni. Queste persone al risveglio ricordano solo l'attimo in cui è avvenuto l'incidente e nulla di quello che è avvenuto dopo, come se la loro vita fosse rimasta sospesa per tutto il tempo del coma. Hanno anche loro ritrovano una situazione diversa ma che hanno difficoltà a riprendere, in quanto cose e persone, hanno totalmente cambiato la loro tipicità e generato nuovi sincronismi che, ricominciare a vivere, è alquanto complicato.

Come avete visto, cambiare il proprio sincronismo, richiede uno sforzo notevole, rischiare la propria vita. Non credo che ne valga la pena e consiglio di non affrontare il discorso quando ognuno di voi, dopo aver fatto, come ho fatto io, il periodo di esperimento, ha capito quale è il proprio sincronismo.

Ma come si fa a capire?

Ogni esperimento deve portare comunque ad un risultato, questo deve essere confrontato con altri risultati identici, generati da esperimenti della stessa tipologia. Ogni tipologia di esperimento da un risultato diverso dall'altro. Il prodotto di tutti i risultati degli esperimenti delle varie tipologie da come risultato il "tipo".

Esistono vari tipi di sincronismo che vanno da un valore massimo ad un valore minimo. Ovviamente non posso illustrarveli tutti, bisognerebbe scrivere un enciclopedia, ma posso descrivervi i tre principali che per la loro tipicità si pongono due agli antipodi, un valore massimo ed un valore minimo, ed uno medio tra i due valori.

Valore massimo.

E' il valore del sincronismo "perfetto".

Tutti i sincronismi degli eventi che avvengono in determinate circostanze e che per tipologia sono simili, hanno sempre un epilogo vantaggioso. La loro "pallina" ha una forte energia e tutto quello che incontra lungo il suo cammino lo assorbe. Cose e persone sono armonizzate in modo tale che una prima reazione favorevole si rinnova in quella successiva e, quindi, si perfeziona, per poter in seguito rendere migliori quelle future.

Possiedono questo tipo di sincronismo le persone che qualsiasi cosa fanno o dicono è oro colato e di solito sono persone che hanno successo e fama. Hanno un forte carisma verso gli altri e padronanza delle situazioni , anche se si trovano in un momento di disagio o di conflittualità, loro ne escono bene e soddisfatti. Il loro comportamento verso le persone e le cose deve essere il più naturale possibile, non devono assumere un atteggiamento "strano" per non influenzare la loro reazione agli eventi attivi. In alcuni casi, addirittura, non facendo niente in reazione ad un evento, che viene ritenuto un atteggiamento "Strano" da chi ci confronta, comunque questi eventi danno un buon esito. Ad esempio se una persona che ha il sincronismo perfetto va a fare un colloquio di lavoro, in qualsiasi caso questa verrà assunta anche se non ha aperto bocca e non ha presentato alcun curriculum, ma solo perché le circostanze che hanno prodotto gli eventi, hanno fatto in modo che ciò avvenisse.

Molti di voi avranno sicuramente pensato che tutto è dovuto al segno zodiacale a cui ognuno di noi appartiene. Non è così, anche se le persone appartengono ad un segno d'acqua o di fuoco, comunque tutte avranno la possibilità di avere un sincronismo perfetto. Il segno zodiacale effettivamente forma il carattere della persona, ma anche se una persona appartiene ad un segno di fuoco ed ha un carattere forte, l'insieme dei suoi sincronismi, possono dare un risultato che è differente da quello del sincronismo perfetto. Sono le persone che danno una impressione di se difforme da quella che ci si aspetta da un soggetto che ha quel segno zodiacale.

Come per tutte le cose anche qui ci sono ovviamente i pro e i contro per chi lo possiede. I pro li avete appena letti, ma i contro?

Purtroppo a queste persone conoscere il proprio sincronismo può avere esiti disastrosi. Perché, una volta scoperto, si sentirebbero troppo sicuri di se, diventerebbero arroganti e presuntuosi, e, quindi, avrebbero un atteggiamento un po' sfrontato verso cose e persone, modificando la loro reazione in peggiorativa e ciò renderebbe l'energia della loro "pallina" molto debole, con le conseguenze che voi ben sapete. Quante volte abbiamo sentito di persone che in un primo momento hanno un grande successo e poi dopo hanno avuto una repentina caduta per scomparire definitivamente dalle scene. Ma ci sono anche quelli che, malgrado sanno, non ci badano, continuano ad avere un comportamento il più naturale possibile, seguitando nella loro sincronicità perfetta. Queste persone sono quelle che fanno tutto con umiltà e semplicità.

La combinazione tra sincronismo perfetto ed atteggiamento umile e semplice, dà come risultato una vita di successo.
Questo tipo di sincronismo, io l'ho considerato, la "*vita maxima*".
Valore minimo.
E' il valore del sincronismo "Imperfetto"
Tutti i sincronismi degli eventi che avvengono in determinate circostanze e che per tipologia sono simili, hanno sempre un epilogo svantaggioso. Anche la loro "pallina" ha una forte energia e tutto quello che incontra lungo il suo cammino lo assorbe. Ma cose e persone non sono armonizzate in modo tale che una prima reazione favorevole non si rinnova in quella successiva e, quindi, non si perfeziona, per poter in seguito rendere migliori quelle future. Possiedono questo tipo di sincronismo le persone che qualsiasi cosa fanno o dicono è tutto sbagliato anche se fanno tutto per bene e di solito sono persone che non hanno successo e fama. Non hanno neanche un briciolo di carisma verso gli altri e nessuna padronanza delle situazioni, se si trovano in un momento di disagio o di conflittualità, loro ne escono male. Il loro comportamento "normale" verso le persone e le cose influenzano la loro reazione ad attivare eventi negativi e solo se assumono un atteggiamento "strano" questi eventi si mutano in positivi. In alcuni casi, addirittura, non facendo niente in reazione ad un evento, che viene ritenuto un atteggiamento "normale" da chi

ci confronta, comunque questi eventi non danno un buon esito. Ad esempio se una persona che ha il sincronismo imperfetto va a fare un colloquio di lavoro, in qualsiasi caso questa non verrà assunta anche se ha aperto bocca senza dire nulla di sbagliato ed ha presentato un buon curriculum, ma solo perché le circostanze che hanno prodotto gli eventi, hanno fatto in modo che ciò avvenisse, per loro, anche se fanno bene è tutto fatto male.

Anche qui ci sono ovviamente i pro e i contro per chi lo possiede. I contro li avete appena letti, ma i pro?

Fortunatamente a queste persone conoscere il proprio sincronismo può avere esiti favorevoli. Perché, una volta scoperto, conoscendosi, incomincerebbero ad essere più sicuri di se, capirebbero in quale momento intervenire verso cose e persone, avendo un atteggiamento "strano", modificando la loro reazione in migliorativa e ciò renderebbe l'energia della loro "pallina" migliore, con le conseguenze che voi ben sapete. Quante volte abbiamo sentito di persone che in un primo momento non hanno successo e poi dopo hanno avuto una repentina ascesa per comparire anche se momentaneamente nelle scene. Queste persone sono quelle che hanno un pizzico di orgoglio e fanno tutto con umiltà e semplicità. La combinazione tra sincronismo imperfetto ed atteggiamento umile e semplice, dà però un risultato mediocre od un nulla di fatto, perché non sono compresi dagli altri ed il loro successo è raro e momentaneo. Ma ci sono anche quelli che, malgrado sanno, non vogliono agire, continuano ad avere un comportamento il più naturale possibile, seguitando nella loro sincronicità imperfetta. Queste persone sono quelle che non fanno tutto con umiltà e semplicità. La combinazione tra sincronismo imperfetto ed atteggiamento diverso dall'umile e semplice, dà però come risultato solo una vita sfavorevole e ciò renderebbe nel tempo, l'energia della loro "pallina", molto debole e quindi provocherebbe un inevitabile deragliamento dal solco della vita.

Questo tipo di sincronismo, io l'ho considerato, la *"vita imperfecta"*.

Valore medio.

E il valore del sincronismo del "Quasi perfetto" o del "Quasi imperfetto"

A seconda del valore dato dagli esperimenti ci si posiziona o da una o dall'altra parte. Tutti i sincronismi degli eventi che avvengono in determinate circostanze e che per tipologia sono simili, hanno sempre un epilogo che può essere sia vantaggioso che svantaggioso. Adesso sta tutto nel stabilire quante volte sono vantaggiosi e quante volte no.

Anche la loro "pallina" ha una forte energia e tutto quello che incontra lungo il suo cammino lo assorbe. Ma bisogna decidere come cose e persone si sono armonizzate in modo da calcolare quante volte si è avuta una prima reazione favorevole o sfavorevole e che si è rinnovata o meno in quella successiva e, quindi, si è perfezionata o no, ed ha reso migliori o peggiori quelle future. Così, abbiamo un sincronismo "Quasi perfetto", se gli eventi migliori sono maggiori di quelli peggiori e così anche l'armonia di cose e persone. Ed un sincronismo "Quasi imperfetto" se succede il contrario.

Possiedono questo tipo di sincronismo le persone che qualsiasi cosa fanno o dicono devono misurare le loro capacita per ottenere successo e fama altrimenti niente. Hanno un carisma verso gli altri ma che viene meno in determinate occasioni, hanno poca padronanza delle situazioni tanto che spesso escono fuori dal seminato, se si trovano in un momento di disagio o di conflittualità, cercano di uscirne bene e soddisfatti ma spesso non ottengono questo risultato. Il loro comportamento verso le persone e le cose è una via di mezzo tra il "naturale" e lo "strano" che influenza la loro reazione per generare gli eventi attivi o passivi. Infatti, facendo una miscela degli atteggiamenti "normale e strano", in reazione ad un evento, che viene ritenuto un atteggiamento "Estroso" da chi ci confronta, questi eventi danno un esito negativo o positivo a seconda del grado di utilizzo dell'atteggiamento. Ad esempio se una persona che ha il sincronismo "Quasi perfetto" va a fare un colloquio di lavoro, quasi certamente questa verrà assunta anche se ha aperto bocca dicendo frasi sconnesse ma ha presentato almeno un buon curriculum, all'opposto una persona che ha il sincronismo "Quasi imperfetto", nella stessa circostanza, non avrebbe ottenuto il posto di lavoro , tutto dipende dalle circostanze che hanno prodotto gli eventi che hanno reagito al nostro atteggiamento, e che hanno fatto in modo di finire in bene o in male.

Anche qui , come gli altri due, ci sono ovviamente i pro e i contro per chi lo possiede.

I contro sono per quelli che possiedono il sincronismo del "Quasi perfetto". Quando ho parlato dei 'Contro' del sincronismo "perfetto", ho evidenziato cosa potrebbe succedere ad una persona che lo possiede, potrebbe divenire troppo sicuro di se e finirebbe per diventare arrogante e presuntuoso. Così succede anche per questo tipo di sincronismo, solo che non si ha il sincronismo "perfetto" ma il "Quasi perfetto", significando che ognuno che lo possiede, e che cerca di migliorarlo di giorno in giorno e crede di giungere così a quello "perfetto", ha sbagliato a fare i conti, in quanto non ci si muove dal valore in cui uno sta. Allora queste persone che hanno capito a quale tipo di sincronismo appartengono, cercano di giungere a quello "perfetto", ma, malgrado fanno uno sforzo notevole, il risultato sarà sempre lo stesso e ciò li snerva a tal punto che trascendono, perdendo la loro routine emotiva. Anche qui la loro "pallina" perde di energia con brutte conseguenze.

I pro sono per quelli che possiedono il sincronismo del "Quasi imperfetto".
Come ho illustrato prima, quando ho parlato dei pro del sincronismo "imperfetto", per queste persone conoscere il proprio sincronismo può avere esiti favorevoli. Infatti anche nel sincronismo "Quasi imperfetto", incomincerebbero ad essere più sicuri di se, perché capirebbero in quale momento intervenire verso cose e persone. Ma bisogna dosare bene l'equilibrio che c'è tra gli atteggiamenti "normale" e "strano", misurando la loro reazione agli eventi, è, come si dice in gergo, come dare un colpo alla botte ed un altro al cerchio. Se questi colpi sono dati bene, la reazione è migliorativa e ciò renderebbe l'energia della loro "pallina" migliore, con le conseguenze che voi ben sapete. Altrimenti si rischia di rompere la botte.
Quante volte abbiamo sentito di persone che non hanno successo e poi hanno avuto una inaspettata popolarità per poi subito dopo scomparire dalle scene e di seguito ricomparire con un nuovo successo avviando così un ciclo migliorativo. Queste persone sono quelle che hanno un pizzico di orgoglio e fanno tutto con umiltà e semplicità. La combinazione tra sincronismo "Quasi imperfetto" ed atteggiamento umile e semplice, dà anche qui un risultato mediocre od un nulla di fatto, perché non sono compresi dagli altri e quindi il loro successo è una sequenza momentanea. Ma ci sono anche

quelli che, malgrado sanno, non vogliono gestire questo equilibrio, continuano a dare colpi sbagliati ed avere un comportamento il più insincero possibile, seguitando nella loro sincronicità "Quasi imperfetta". Queste persone sono quelle che non fanno tutto con umiltà e semplicità. Ed anche qui, la combinazione tra sincronismo "Quasi imperfetto" ed atteggiamento diverso dall'umile e semplice, dà come risultato solo una vita sfavorevole e ciò renderebbe nel tempo, l'energia della loro "pallina", molto debole che la conduce quindi ad una fine inevitabile. Questo tipo di sincronismo, io l'ho considerato, la "*vita mediocritas*".

Questi sono i tre principali tipi di sincronismo che in genere potremmo riscontrare in noi stessi. Come avete letto, l'importanza del comportamento di ognuno di noi, è fondamentale a stabilire quale esso è. Ho posto come condizione che il comportamento umile e semplice sia l'ago della bilancia tra i vari "sincronismo" perché è l'unico che si avvicina di più ai rapporti umani in quanto genuino. Tutti gli altri comportamenti invece sono fittizi perché presi ad imitazione e quindi non fanno parte di noi del nostro *"ego"*. *S*pesso le persone sono portate a comportarsi ad imitazione per dare un sensazione migliore di se nei confronti degli altri. Ad esempio, una persona da l'impressione di essere considera seria e meticolosa solo perché, per la professione che svolge, è tenuto a comportarsi in questa maniera cercando appunto di imitare un'altra persona che svolge la medesima professione. Oppure una persona è considerata 'matura' solo perché adotta atteggiamenti imitati da stereotipi significativi della vita sociale. Quante volte incontriamo persone che sembrano simili ad altre e che scambiamo come tali. Molti non si accorgono di loro perché credono che siano persone schiette e sincere. Ho conosciuto molte persone che hanno avuto questi tipi di atteggiamenti ed ho scoperto che non sono affatto utili alla verifica del nostro tipo di "sincronismo". Infatti, in tutti e tre i tipi che ho illustrato prima, quando non hanno un comportamento, per così dire, "genuino", fanno perdere energia alla loro "pallina" e di conseguenza spariscono. Per spiegare meglio le cose, come modello prendiamo una persona che imita un atteggiamento maturo. Ci sono due persone che devono incontrare separatamente un grande manager per offrirgli un affare che gli permetterà di guadagnare molti soldi. Per facilitare le cose poniamo che entrambi possiedono lo stesso sincronismo e che devono presentare lo stesso contratto.

La prima persona si presenta gentile e vestita in modo sobrio ma al tempo stesso elegante, illustra gli elementi dell'affare in modo semplice avendo un atteggiamento umile cercando di dare sicurezza per mettere a proprio agio la controparte. Non fuma e quando il manager gli offre da bere, beve giusto qualche sorso per non sembrargli scortese. Il colloquio trascorre tranquillo ma non si arriva ad una trattativa e quando se ne va, sembra che tutto va per il meglio, in quanto gli ha lasciato una buona impressione e buone prospettive per concludere.

La seconda si presenta troppo gentile e vestita molto elegante, come si dice in "*pompa magna*", illustra gli elementi dell'affare in modo articolato avendo un atteggiamento deciso e sicuro per avere la certezza di aver fatto colpo sulla controparte per poterlo facilmente raggirare. Un comportamento tale che, è come se apparisse agli occhi della controparte come un grande affarista di fama internazionale. Fuma ad imitazione di grandi clichè per darsi un tono maturo e serio, ma è tutto fumo negli occhi, quando gli offre da bere, fa anche da intenditore, osservando la purezza del colore attraverso il bicchiere ed assaporando l'aroma come un sommelier, come in quella famosa pubblicità dove un certo Michele lo è diventato, suo malgrado, a tutti i costi. Il colloquio trascorre concitato perchè l'atteggiamento del "grande affarista" mette a poco agio la controparte che però vedendo questo suo modo di fare così sicuro e maturo lo conquista a tal punto che considera l'affare concluso, escludendo la prima persona che ha incontrato perché, facendo un confronto con la seconda, non gli è sembrata adatta alle proprie aspettative economiche. Quando se ne va lo saluta come se fosse una persona che conosce da sempre e, addirittura, lo invita ad un ricevimento che di lì a poco sarà celebrato.

Secondo voi cosa succede.

Ma è semplice, il manager che ha concluso un buon affare con il "grande affarista", si renderà conto ben presto di aver fatto un pessimo affare, in quanto si accorgerà di essersi fatto incantare dall'atteggiamento serio e maturo e di conseguenza si è fatto raggirare per benino da lui. Vorrebbe porre rimedio, ma ormai è troppo tardi.

La seconda persona, col suo atteggiamento ha portato solo esiti negativi al suo sincronismo ed a quello del manager e quindi entrambi escono di scena in modo catastrofico.

La prima, invece, presenta ad un altro manager, nello stesso modo come lo ha presentato al primo, il contratto. Questo manager, più attento, riconosce che questa persona, per l'atteggiamento umile e semplice che ha, gli può essere utile per migliorare il suo sincronismo e conclude l'affare che avrà in seguito un esito favorevole.

La morale è che, se il primo manager, invece di dare retta a quegli atteggiamenti falsi della seconda persona, ma a quelli genuini della prima e quindi avrebbe riconosciuto che era una persona utile per conoscere e migliorare il proprio sincronismo, il risultato sarebbe stato sicuramente come quello del secondo manager.

In pratica a parità di sincronismo deve assolutamente corrispondere una parità di comportamento. Cioè, anche se le due persone avrebbero avuto un sincronismo diverso, comunque dovevano avere un comportamento uguale, umile e semplice, in quanto, per ogni tipo di sincronismo, è l'atteggiamento cardine per stabilirne la natura. Qualsiasi sia il tipo di sincronismo deve corrispondere per tutti lo stesso comportamento.

Un altro fattore che può influenzare le persone è l'aspetto del viso e del fisico. Facendo riferimento all'esempio che ho fatto precedentemente, facciamo conto che la prima persona ha delle sembianze che lo fanno apparire in viso come uno sciocco, il cosiddetto "faccia di cazzo", e fisicamente un po' tarchiato dalle movenze imbranate. Il secondo, invece, bello in viso, il cosiddetto "figlio di zoccola", e dal fisico atletico dalle movenze armoniche. Bene il primo è così com'è, agisce in modo naturale in quanto genuino, invece il secondo, è una finta imitazione di stereotipi in quanto artefatto, sapendo di mettere insieme il suo aspetto ed i suoi modi di comportarsi, crede di avere sempre successo. Purtroppo, grazie a tutti questi fattori, ottiene maggiore attenzione dal manager, ma con le conseguenze che vi ho detto prima.

Spesso anche io mi sono trovato in queste circostanze dove, malgrado presentavo una idea migliore, non ricevevo assolutamente credito dagli altri, che, invece, prestavano maggiore attenzione alle idee dei finti "maturi" od ai finti seri e che rispetto a me avevano una faccia da "figlio di zoccola" ed il fisico prestante, in quanto "ammaliati" dal loro atteggiamento e dal loro aspetto, venivano creduti come tali, e, quindi rispetto a me avevano sempre ragione, e mi scartavano per ogni successiva eventuale considerazione. Queste persone che li hanno creduti, hanno avuto sempre la peggio, e credete a me, succede davvero.

Quindi, siccome tutti ci cascano, vi consiglio di non tenere in considerazione le persone che hanno una bella presenza e che non hanno un atteggiamento umile e semplice. Non vi saranno utili per ogni qualsiasi evenienza per conoscere il proprio sincronismo.

Dopo aver illustrato i vari tipi di sincronismo ed i loro aspetti, ora bisogna stabilire, per ogni tipo, quante persone lo possiedono.

Spiegherò meglio, facendo una rappresentazione grafica.

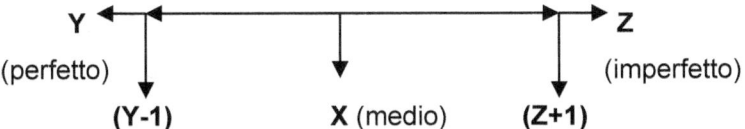

La stragrande maggioranza possiede il sincronismo del valore medio, in quanto la sezione dei valori che li racchiudono, che va da un valore (X) medio ad un valore (Y-1) del valore del sincronismo "perfetto" e da un valore (X) medio ad un valore (Z+1) del valore del sincronismo "imperfetto", sono maggiori rispetto al segmento che va da (Y-1) a Y "perfetto" ed al segmento che va da (Z+1) a Z "imperfetto". Ne fanno parte quelle persone che conducono una "*vita mediocritas*".

Di conseguenza, le porzioni dei valori che vanno da (Y-1) a Y e da (Z+1) a Z sono rispettivamente quelli che hanno il sincronismo "perfetto" , "*vita maxima*" e quelli che hanno il sincronismo "imperfetto", "*vita imperfecta*".

Da questa rappresentazione si evidenzia che durante lo studio degli esperimenti della frequenza e ripetitività dei "Tipi" che danno vita ad una serie di sincronismi, in dieci anni, incontreremo maggiormente le persone che hanno un sincronismo medio e quindi individui che avranno un comportamento che alterna "normalità" e "stranezza". Ora se si ha un sincronismo medio, basterà adeguarsi al loro atteggiamento, ossia, ad un loro comportamento "strano" dovrà corrispondere un altrettanto comportamento "strano" e così deve succedere anche per quello "normale". Se incontrano un individuo con il sincronismo "perfetto", gli esperimenti avranno un esito positivo solo se questo avrà un modo di fare diverso dall'umile e semplice, quindi genuino. Invece se incontrano un individuo con il sincronismo "imperfetto" hanno maggiormente possibilità che abbiano un esito positivo degli esperimenti quelli che hanno un sincronismo "Quasi perfetto".

Sono veramente poche le persone che incontriamo che hanno il sincronismo "perfetto" e di conseguenza è difficile che due persone che hanno questo tipo di sincronismo si incontrino. Nel momento in cui si trovano per caso due individui con il sincronismo "perfetto" si ha un effetto "nullo" quando hanno entrambi un comportamento genuino, qualora si incrociano le loro "palline" è come se diventassero aria e non avviene ne un "rimbalzo" ne un "assorbimento" e proseguono inesorabili, ma se uno dei due viene meno a questo atteggiamento la loro "pallina" o viene "rimbalzata" o "assorbita" dall'altra. Se incontrano un individuo che ha il sincronismo che è all'opposto, cioè quello "imperfetto", lo scontro tra le due "palline" avrà per quello "perfetto" un esito negativo solo se non ha un comportamento "genuino".

Anche quelle persone che hanno il sincronismo "imperfetto" sono rare ed altresì è poco frequente incontrarli. Se si incontrano due persone con il sincronismo "imperfetto", solo se hanno entrambi un comportamento "strano", ottengono un risultato utile. Sembreranno due matti agli occhi degli altri, ed è per tale motivo che, malgrado fanno tutto bene è, per gli altri, fatto tutto male, ed è perciò che nessuno di loro viene compreso, ma invece, per il loro bene, è giusto che ciò avvenga.

Una particolarità di quelle persone che hanno una *"vita mediocritas"* è che, a seconda della quantità disposta a destra od a sinistra del valore medio, possono generare scompensi socio economici, ossia, conflitti generali che possono degenerare anche in guerre mondiali oppure dar vita a periodi di grande distensione civile ed economica. In pratica, prendiamo come campo il grafico prima esposto, ipotizziamo che in un determinato periodo, nella parte sinistra del grafico con valore da X a (Y-1) ci sono maggiori persone rispetto alla parte destra con valore da X a (Z+1). Facciamo conto poi, che quasi tutte queste persone non hanno un comportamento genuino ma preferiscono averne uno scorretto, succede che, con il loro comportamento, siccome sono la maggioranza, qualsiasi reazione delle persone che hanno un sincronismo diverso dal loro, genera un insieme si sincronismi negativi a catena, generando il caos tra le varie parti sociali che inevitabilmente li condurrà al conflitto. Succede lo stesso anche se la maggior parte delle persone sta nella parte destra del grafico, ma è un po' difficile, dovrebbe essere formata da una società che si comporta in modo "normale" ma scorretto, una popolazione di matti insomma. Ma se la maggioranza è posizionata a destra o a sinistra del grafico e ha un comportamento genuino, il caos finisce per avviare un periodo di miglioramento dei rapporti sociali. Difatti periodi di guerre e di pace si alternano in periodi ben definiti. Quindi, secondo me, per evitare le guerre basterebbe tenere sotto controllo quella maggioranza che potrebbe interrompere i periodi di pace. Ma è una ipotesi assurda che richiederebbe uno sforzo immane e pertanto rimarrà sempre considerata come tale.

Credo di avervi detto tutto quello che è stato possibile sostenere su ciò che io ho ipotizzato sul "sincronismo". Spero di essere stato esauriente nei confronti della vostra "fame" di conoscenza. Se non lo sono stato, allora, perdonatemi.

Molti di voi si saranno sicuramente chiesti, ma quale è il sincronismo di quello che ha scritto questo libro? Non ve lo voglio rivelare, ma vi dico semplicemente che basta averne letto con attenzione alcune parti, per capire quale esso è.

www.ingramcontent.com/pod-product-compliance
Lightning Source LLC
Chambersburg PA
CBHW072308170526
45158CB00003BA/1231